Guida alla Coltivazione delle Camelie

Impara cosa fare bene per coltivare incantevoli Camelie

A. Duller

Lisa Shardon

Guida alla Coltivazione delle Camelie

Introduzione

Le camelie, appartenenti al genere Camellia, sono piante sempreverdi che fanno parte della famiglia delle Theaceae. La loro storia è affascinante e intricata, radicata in diverse tradizioni culturali e geografiche. La loro bellezza e il loro simbolismo le hanno rese celebri in tutto il mondo, e oggi sono ammirate e cultivate in giardini e parchi di molte regioni.

Capitolo 1 : Varietà di camelie

Il genere Camellia conta oltre 200 specie, ma le varietà più conosciute e diffuse sono le camelie giapponesi (Camellia japonica), le camelie cinesi (Camellia sinensis) e le camelie sasanqua (Camellia sasanqua). Ognuna di queste varietà ha caratteristiche e origini uniche.

Camelie giapponesi

Le camelie giapponesi, o Camellia japonica, sono le più celebri e decorose tra le camelie. Originarie del Giappone, della Corea e di alcune zone della Cina, queste piante sono state coltivate dai giapponesi per secoli, essendo un simbolo di bellezza e perfezione. Le camelie giapponesi fioriscono generalmente in tarda inverno e all'inizio della primavera, con una varietà di colori che spaziano dal bianco al rosa, al rosso intenso.

La loro robustezza e la capacità di adattarsi a diversi terreni le rendono molto popolari nei giardini templari giapponesi. Sono utilizzate anche nella cerimonia del tè giapponese, poiché i fiori sono considerati un importante simbolo di eleganza e raffinatezza. La selezione e l'ibridazione delle camelie giapponesi nel corso degli anni hanno dato origine a numerosi cultivar, alcuni dei quali presentano fiori semplici, mentre altri hanno petali doppi o striature colorate.

Camelie cinesi

Le camelie cinesi, o Camellia sinensis, hanno un'importanza culturale ed economica non indifferente, poiché le foglie di questa pianta sono utilizzate per produrre il tè. Originaria della Cina, questa specie è coltivata anche in altre parti del mondo, in particolare nei paesi asiatici, come Taiwan e Giappone. A differenza delle camelie giapponesi, che sono principalmente ornamentali, la Camellia sinensis è una pianta da raccolto, le cui foglie giovani vengono raccolte e lavorate in vari modi per ottenere diverse tipologie di tè, tra cui tè verde, tè nero e tè oolong.

Le camelie cinesi fioriscono in autunno e in inverno, producendo fiori bianchi o rosa.

Anche se l'attenzione delle coltivazioni di Camellia sinensis è prevalentemente rivolta alla produzione di tè, la pianta ha guadagnato anche popolarità come pianta ornamentale per i giardini. È resistente e può prosperare in vari contesti climatici, con il giusto grado di idratazione e di esposizione.

Camelie sasanqua

Le camelie sasanqua, o Camellia sasanqua, sono originarie del sud-est asiatico, principalmente del Giappone e della Cina. Questa varietà è particolarmente apprezzata per la sua capacità di fiorire in autunno, prolungando il periodo di fioritura nel giardino. I fiori delle camelie sasanqua sono generalmente più piccoli e meno pesanti rispetto a quelli delle camelie giapponesi ma hanno una bellezza delicata e una fragranza piacevole.

Le camelie sasanqua sono spesso utilizzate come piante da siepe grazie alla loro densità e al loro portamento compatto. Sono resistenti e offrono una buona tolleranza alla potatura, rendendole ideali per creare forme e strutture nel giardino. Le foglie sono lucide e verdi, contribuendo alla bellezza estetica della pianta anche dopo la fioritura.

La diffusione delle camelie nel mondo

La coltivazione delle camelie è aumentata notevolmente a partire dal XVIII secolo, grazie all'espansione del commercio e all'interesse europeo per le piante esotiche. Gli esploratori e i botanici europei, affascinati dalla bellezza dei fiori, iniziarono a importare le camelie, in particolare dalla Cina e dal Giappone. Le camelie giapponesi divennero particolarmente popolari nelle corti aristocratiche e nei giardini formali, diffondendosi rapidamente in Gran Bretagna e in altre parti d'Europa.

Nel XIX secolo, la passione per le camelie raggiunse il culmine, dando vita a una vera e propria cultura della pianta. Collezionisti e ibridatori iniziarono a selezionare e incrociare diversi cultivar, portando a una varietà impressionante di forme e colori. Questo sviluppo contribuì non solo a migliorare i tratti ornamentali delle camelie, ma anche a aumentare la loro resistenza alle malattie e alle condizioni climatiche sfavorevoli.

Oggi, le camelie rappresentano una delle piante ornamentali più amate nel giardinaggio. I giardini pubblici e privati di tutto il mondo ospitano esposizioni di camelie, e si tengono eventi dedicati a questa pianta straordinaria. Inoltre, molte società di giardinaggio offrono programmi di conservazione e educazione per preservare le varietà di camelie rare e per promuovere la coltivazione responsabile.

Importanza delle camelie nella cultura e nell'economia

Oltre alla loro bellezza ornamentale, le camelie hanno un'importanza significativa in vari aspetti culturali ed economici. Nella cultura giapponese, ad esempio, i fiori di camelia sono associati alla nobiltà e all'onore e sono spesso utilizzati in opere d'arte, poesia e cerimonie tradizionali. Inoltre, le piedistalli di stoffa realizzati con il loro olio, ottenuto dai semi della Camellia oleifera, sono utilizzati nella cucina e nella cosmetica, dimostrando il valore della pianta al di là del suo uso ornamentale.

In campo economico, la produzione di tè dalla Camellia sinensis è un'industria globale multimiliardaria. La domanda di tè continua a crescere a livello mondiale, sostenendo le economie di numerosi paesi produttori in Asia e oltre. Le varietà di tè, insieme alle tradizioni di preparazione e consumo, riflettono la ricca diversità culturale associata a queste piante.

Considerazioni finali

In sintesi, la coltivazione delle camelie ha radici storiche profonde e si è evoluta nel corso dei secoli sotto l'influenza di culture diverse. Le camelie giapponesi, cinesi e sasanqua offrono una gamma di bellezze e significati, ognuna con le proprie particolarità e utilizzi. La loro diffusione e il loro uso in giardinaggio e commercio rappresentano non solo un'apprezzamento estetico, ma anche un'eredità culturale che continua a influenzare le pratiche di coltivazione e ammirazione in tutto il mondo. Con la crescente attenzione verso l'ecosostenibilità e la biodiversità, le camelie possono continuare a mantenere il loro ruolo importante, contribuendo a giardini, paesaggi e culture di tutto il globo.

Capitolo 2: Condizioni di crescita ideali delle Camelie

Le Camelie sono piante affascinanti e sempreverdi che appartengono alla famiglia delle Theaceae. Con la loro bellezza e varietà di colori, le Camelie hanno conquistato il cuore di giardinieri e appassionati di giardinaggio in tutto il mondo. Tuttavia, per garantire una crescita sana e rigogliosa di queste piante, è fondamentale fornire loro le condizioni di crescita ideali. Questo capitolo esplorerà in dettaglio gli aspetti chiave delle condizioni di crescita delle Camelie, tra cui clima, suolo e pH, ed esposizione alla luce.

Clima

Il clima è uno dei fattori più critici nella coltivazione delle Camelie. Queste piante prosperano in condizioni climatiche temperate, con temperature che variano tra i 10 e i 25 gradi Celsius. È importante notare che le Camelie possono tollerare brevi periodi di caldo estremo, ma temperature inferiori a zero gradi Celsius possono danneggiare i boccioli fiorali o le foglie, specialmente se le gelate avvengono dopo un periodo di clima più mite.

Temperature

Le Camelie sono particolarmente sensibili al freddo e alle gelate tardive. È cruciale piantare Camelie in aree dove possono essere protette dai venti gelidi e dove ci sia una buona esposizione al sole. Le temperature invernali dovrebbero idealmente rimanere sopra i -5 gradi Celsius, ma le Camelie decidue possono tollerare un po' più di freddo rispetto alle varietà evergreen. È possibile mitigare gli effetti del freddo piantando le Camelie in zone riparate, come vicino a un muro che riceve calore dal sole, creando così un microclima favorevole.

Durante l'estate, le Camelie richiedono temperature moderate. Temperature troppo elevate possono causare stress idrico, portando a foglie ingiallite e una diminuzione della fioritura. È importante quindi garantire che le piante abbiano accesso a un'adeguata irrigazione durante i mesi più caldi.

Umidità

Le Camelie prosperano in condizioni di umidità moderata. Un'eccessiva umidità può favorire la proliferazione di funghi e malattie radicali, mentre una scarsità di umidità può causare una crescita stentata e foglie ingiallite. Pertanto, è importante mantenere un equilibrio. Un'umidità ambientale del 50-70% è ideale; in ambienti particolarmente caldi e secchi, l'irrigazione regolare e la pacciamatura possono aiutare a mantenere l'umidità del suolo.

Precipitazioni

Le Camelie beneficiano di una buona distribuzione delle precipitazioni. In generale, necessitano di una quantità di acqua che varia dai 75 ai 125 cm all'anno. La cosa migliore è che la pioggia sia distribuita nel corso dell'anno, piuttosto che concentrata in poche settimane. In caso di scarse precipitazioni, l'irrigazione deve essere effettuata regolarmente, soprattutto durante il periodo di crescita attiva e fioritura, che di solito avviene in primavera.

Suolo e pH

Il suolo è un altro elemento essenziale per la crescita sana delle Camelie. Queste piante hanno bisogno di un terreno ben drenato, ricco di sostanze organiche e leggermente acido.

Tipo di Suolo

Le Camelie preferiscono terreni sabbiosi o limosi, poiché queste texture offrono il miglior drenaggio e aerazione. Un suolo compatto può trattenere troppa umidità, aumentando il rischio di malattie radicali. Se il suolo è troppo argilloso e si compatta facilmente, è possibile migliorare la sua struttura mescolandolo con materia organica, come compost o torba, per migliorare il drenaggio.

Quando si piantano le Camelie, è utile preparare le buche di impianto mescolando il suolo esistente con elementi che favoriscano la porosità, come perlite o sabbia. In questo modo, si garantisce alle radici delle Camelie un ambiente favorevole per crescere e svilupparsi.

pH del Suolo

Il pH del suolo è un fattore cruciale per la salute delle Camelie. Queste piante preferiscono un pH compreso tra 5,0 e 6,5, il che le rende adatte a terreni leggermente acidi. Un pH inferiore a 5,0 può provocare carenze nutrizionali e ostacolare l'assorbimento di nutrienti essenziali come ferro e manganese, mentre un pH superiore a 6,5 può portare a una maggiore disponibilità di nutrienti, ma anche a potenziali tossicità.

Per modificare il pH del suolo, è possibile utilizzare prodotti come l'acido solforico, la farina di zolfo o prodotti specifici per acidificare il suolo. È importante testare il pH del terreno prima della piantagione e, se necessario, apportare le modifiche adeguate.

Esposizione alla Luce

L'esposizione alla luce è un altro fattore determinante per la crescita delle Camelie. Sebbene queste piante possano tollerare anche zone parzialmente ombreggiate, prosperano meglio in condizioni di luce filtrata o ombra leggera. Un'esposizione diretta e intensa al sole, specialmente nelle ore più calde della giornata, può causare scottature sulle foglie, portando a una diminuzione della salute della pianta.

Luce Solare Diretta

Le Camelie devono essere protette dalla luce solare diretta durante le ore più calde della giornata, in particolare nei climi più caldi. Una posizione ideale potrebbe essere sotto l'ombra di alberi decidui che perdono le foglie in inverno, consentendo alla pianta di ricevere luce durante i mesi più freddi, mentre la proteggono dai raggi intensi estivi.

Ombra

Le Camelie possono tollerare ombra parziale, ma in questo caso la fioritura potrebbe risultare meno abbondante. Quando piantate in zone troppo ombreggiate, le Camelie potrebbero presentare una crescita più lenta e una minore produzione di fiori. È fondamentale trovare un equilibrio tra luce e ombra per garantire una crescita sana.

Multistrato di Vegetazione

Un'altra strategia utile per garantire una corretta esposizione alla luce è quella di piantare le Camelie in un contesto di giardino multistrato. Posizionare piante di diverse altezze intorno alle Camelie può aiutarle a ricevere la giusta quantità di luce, mentre altre piante più alte offrono ombra e protezione. Inoltre, creare questa diversità aiuterà a mantenere la salute del suolo e a migliorare l'ecosistema complessivo del giardino.

In conclusione, la coltivazione delle Camelie richiede attenzione e cura per fornire le condizioni di crescita ideali. Un clima temperato, un suolo ben drenato e leggermente acido, così come la giusta esposizione alla luce, sono fattori chiave per garantire la salute e la bellezza di queste affascinanti piante. Con le giuste tecniche di coltivazione e un'adeguata pianificazione, chiunque può godere della splendida fioritura delle Camelie nel proprio giardino, arricchendo il paesaggio con i loro colori vibranti e la loro eleganza senza tempo.

Capitolo 3: Tecniche di impianto delle Camelie

Le camelie, con le loro eleganti fioriture e il fogliame lucido, rappresentano una delle piante ornamentali più apprezzate per giardini e paesaggi. La loro coltivazione richiede attenzione e un approccio metodico, in particolare nei primi stadi di impianto. In questo capitolo, esploreremo in dettaglio le tecniche di impianto delle camelie, suddividendole in tre sezioni fondamentali: la scelta del luogo, la preparazione del terreno e il periodo migliore per la piantagione. Questi fattori sono essenziali per garantire la salute e la prosperità delle piante nel lungo termine.

Scelta del luogo

Uno dei primi e più importanti passi nella coltivazione delle camelie è la scelta del luogo in cui verranno piantate. È fondamentale considerare vari fattori ambientali, poiché le camelie prosperano in habitat specifici che riproducono le loro condizioni naturali.

1. **Esposizione al sole**: Le camelie

possono tollerare sia l'ombra parziale che la luce diretta del sole, ma le condizioni ottimali sono quelle che prevedono ombra durante le ore più calde della giornata. Idealmente, un luogo con luce solare filtrata, come quello che si ha sotto gli alberi a foglia caduca, può risultare l'ideale. È importante evitare esposizioni in pieno sole per tutte le ore del giorno, poiché questo può causare scottature e stress idrico alle piante, compromettendo la fioritura e la salute generale.

2. **Protezione dal vento**: Un altro aspetto da considerare è la protezione dai venti forti. Le camelie hanno un tronco e una chioma delicate che possono facilmente subire danni. È bene scegliere un luogo riparato, magari circondato da altre piante o da una struttura architettonica che possa fungere da schermo.

3. **Drenaggio e umidità**: Le camelie preferiscono terreni umidi ma ben drenati. Un sito con una buona pendenza aiuta a evitare stagnazione d'acqua, che potrebbe portare a marciumi radicali. È opportuno evitare aree in cui l'acqua tende a ristagnare dopo forti piogge o inondazioni. Controllare il drenaggio

del terreno è cruciale e, se necessario, è possibile realizzare fossati o letti di piante sollevati per migliorare la situazione.

4. **Composizione del suolo**: È buona norma eseguire un'analisi del suolo per determinare il pH e la composizione. Le camelie prediligono terreni leggermente acidi (pH tra 5 e 6), quindi, se il suolo è troppo alcalino, può essere utile aggiungere materiale organico o amendanti specifici per l'abbassamento del pH.

5. **Spazio e crescita**: Infine, si deve considerare lo spazio a disposizione per la crescita. Le camelie possono raggiungere dimensioni considerevoli e, a seconda della varietà, possono necessitare di uno spazio ampio per espandere le radici e la chioma. È fondamentale pianificare lo spazio interpersonale per evitare competizioni con piante vicine e per garantire che ciascuna pianta riceva la luce e i nutrienti necessari.

Preparazione del terreno

Una volta selezionato il sito, è ora il momento

di preparare il terreno per l'impianto delle camelie. La preparazione del terreno è cruciale per garantire che le piante abbiano un ottimo punto di partenza.

1. **Pulizia dell'area**: Prima di impiantare, è importante pulire l'area da erbacce, pietre e detriti. Questo aiuta a ridurre la competizione per nutrienti e acqua e riduce il rischio di parassiti e malattie.

2. **Lavorazione del terreno**: Successivamente, si deve lavorare il terreno, rompendolo e allentandolo fino a una profondità di almeno 30-40 cm. Questo passaggio è essenziale per migliorare la struttura del suolo, favorendo l'ossigenazione e il drenaggio.

3. **Aggiunta di ammendanti**: È fondamentali arricchire il suolo con materiale organico. Compost ben maturo, torba e corteccia tritata possono essere aggiunti per migliorare la fertilità e l'acidità. Un buon equilibrio di sostanza organica migliorerà le proprietà fisiche del suolo e la sua capacità di trattenere l'umidità.

4. **Livellamento**: Dopo aver lavorato e arricchito il suolo, è importante livellarlo, in modo che la superficie sia uniforme. Un buon livellamento non solo aiuta nel drenaggio dell'acqua, ma crea anche un aspetto più curato nel giardino.

5. **Controllo del pH**: Prima dell'impianto, si raccomanda di controllare nuovamente il pH del suolo. Se necessario, apportare modifiche tramite l'aggiunta di zolfo o altri correttivi per raggiungere un pH attorno a 5-6, ideale per le camelie.

6. **Settori di impianto**: Se intendete piantare più esemplari, è utile segnare e preparare i settori nel terreno, garantendo le giuste distanze tra una pianta e l'altra. Una distanza di circa 1,5-2 metri è generalmente consigliata, tenendo conto della varietà specifica e della dimensione adulta della pianta.

7. **Irrigazione preliminare**: Infine, prima di piantare, è consigliato inumidire il terreno. Questo facilita l'inserimento delle radici e

aiuta le piante a stabilirsi. Tuttavia, è fondamentale evitare di rendere il suolo troppo bagnato, poiché l'eccesso d'acqua può portare a malattie radicali.

Periodo migliore per la piantagione

Una corretta tempistica per la piantagione delle camelie è una componente essenziale per un impianto di successo. Essendo piante sempreverdi, le camelie possono essere piantate durante tutto l'anno, ma ci sono periodi specifici che garantiscono una maggiore efficienza.

1. **Piantagione autunnale**: L'autunno (da settembre a novembre) è generalmente considerato il periodo migliore per piantare camelie. Durante questo periodo, le temperature sono più moderate e le piogge aumentano, creando un ambiente ideale per lo sviluppo delle radici. Le camelie hanno anche meno stress da calore e possono stabilirsi prima dell'arrivo dell'inverno.

2. **Piantagione primaverile**: Anche la primavera, prevalentemente da marzo a

maggio, è un buon momento per piantare camelie, purché si evitino i periodi di gelo tardivo. Durante i mesi primaverili, le camelie iniziano a risvegliarsi ed è più facile per loro sviluppare nuove radici e adattarsi al nuovo ambiente.

3. **Evitare l'estate**: È meglio evitare di piantare in estate, a meno che non si disponga di adeguate strutture di irrigazione. Le alte temperature possono causare stress idrico e danneggiare le piantine. Se la piantagione deve avvenire in estate, è consigliabile piantare in una giornata nuvolosa o in un periodo di piogge.

4. **Preparazione per il trapianto**: Se si trapiantano camelie già cresciute, la scelta del periodo è cruciale. Anche in questo caso, l'autunno è il periodo ideale, in quanto il trapianto in questa stagione consente alle piante di stabilirsi prima della dormienza invernale. Si dovrebbero evitare trapianti durante i periodi di fioritura, poiché questo potrebbe stressare le piante e rovinare le fioriture.

5. **Gestione delle temperature**: Durante la fase di piantagione, è importante monitorare le temperature notturne e diurne. In particolare, se si pianta in autunno, è fondamentale garantire che le notifichino non scendano troppo sotto lo zero, poiché ciò può compromettere lo sviluppo radicale.

6. **Cura postimpianto**: Dopo la piantagione, è importante fornire una corretta irrigazione per le prime settimane affinché le piante si stabilizzino. Controllare l'umidità del suolo è vitale in questo periodo. Se le condizioni climatiche sono particolarmente secche, irrigare le camelie regolarmente.

In sintesi, la cura e l'attenzione nella scelta del luogo, della preparazione del terreno e nel periodo di piantagione sono dei passaggi fondamentali per garantire un impianto sano e prospero di camelie. Attraverso tecniche adeguate e un'analisi attenta delle condizioni ambientali, si possono ottenere risultati straordinari e fioriture generose, trasformando il giardino in uno spazio incantevole e ricco di colori. Le camelie, una volta ben stabilite, non solo abbelliranno il paesaggio, ma porteranno anche soddisfazione e gioia a chi avrà la fortuna di prendersene cura.

Capitolo 4: Cura delle Camelie

Le camelie sono piante ornamentali molto apprezzate per la loro bellezza e per la varietà dei loro fiori, che possono essere bianchi, rosa, rossi o persino variegati. Per mantenere la loro salute e favorire una fioritura abbondante, è essenziale prestare attenzione a diversi aspetti della cura, tra cui l'irrigazione, la concimazione e la potatura. Questo capitolo esplorerà ciascuno di questi aspetti in dettaglio, fornendo suggerimenti pratici per i giardinieri e gli appassionati di queste splendide piante.

Irrigazione

L'irrigazione è uno dei fattori più critici per la salute delle camelie. Queste piante preferiscono un terreno costantemente umido ma ben drenato. Un'irrigazione inadeguata può portare a problematiche gravi, come il marciume radicale o la disidratazione.

Frequenza e quantità dell'irrigazione

La frequenza con cui si deve irrigare una camelia dipende da diversi fattori: il clima, il tipo di terreno e l'età della pianta. In generale, si consiglia di controllare l'umidità del terreno prima di irrigare. Un buon indicatore è la superficie del terreno: se è asciutta a una profondità di circa 2-3 cm, è il momento di annaffiare.

Durante i mesi estivi, le camelie possono avere bisogno di irrigazioni più frequenti, soprattutto se il clima è particolarmente caldo e secco. In tali periodi, potrebbe essere necessario irrigare ogni 2-3 giorni, mentre in autunno e in inverno la frequenza può ridursi a una volta a settimana o anche meno.

Modalità di irrigazione

È consigliabile irrigare direttamente sul terreno, evitando di bagnare le foglie. Annaffiare la zona intorno alla pianta favorisce un migliore assorbimento dell'acqua. L'ideale è utilizzare un sistema di irrigazione a goccia o un tubo poroso per garantire che l'acqua penetri lentamente e in profondità nel terreno.

Nei casi in cui si utilizzano sistemi di irrigazione automatizzati, è fondamentale controllare regolarmente l'umidità del terreno per evitare l'eccesso di acqua, che può portare a problemi radicali. In generale, le camelie preferiscono un terreno ben drenato e non tollerano i ristagni idrici.

Tipi di acqua

Per le camelie, è preferibile utilizzare acqua piovana o acqua distillata, se possibile. L'acqua del rubinetto può contenere elevate concentrazioni di calcare e sali minerali, che potrebbero influire negativamente sulla crescita delle piante. Se si utilizza acqua del rubinetto, è consigliabile lasciarla riposare per 24 ore prima di utilizzarla, in modo da permettere a parte dei sali di depositarsi sul fondo.

Concimazione

La concimazione è un altro aspetto cruciale per garantire la salute e la bellezza delle camelie. Un corretto apporto nutritivo favorisce una crescita robusta e una fioritura abbondante. Tuttavia, le esigenze nutrizionali delle camelie possono variare notevolmente, a seconda delle condizioni di crescita.

Tipologie di concime

Esistono diversi tipi di concimi che possono essere utilizzati per le camelie, e la scelta dipende dal periodo dell'anno e dallo stato della pianta. I concimi granulari a lenta cessione sono spesso raccomandati, in quanto rilasciano i nutrienti gradualmente e riducono il rischio di sovralimentazione.

In particolare, è opportuno scegliere un concime con una formulazione specifica per piante acidofile. Questo tipo di concime contiene una miscela bilanciata di azoto (N), fosforo (P) e potassio (K), insieme ad altri microelementi utili, come ferro e manganese. Un esempio di formulazione comune potrebbe essere 12-4-8, dove i numeri rappresentano le percentuali di ciascun nutrienti.

Periodi di concimazione

La concimazione delle camelie dovrebbe

avvenire principalmente durante il periodo vegetativo, che inizia in primavera, quando le piante riprendono a vegetare dopo il riposo invernale. È comune iniziare a concimare a partire da marzo e continuare fino a luglio. Questi mesi sono cruciali per favorire la crescita e la formazione delle gemme fiorali.

È opportuno evitare di concimare durante la fioritura, poiché l'apporto eccessivo di nutrienti può causare una caduta prematura dei fiori. In autunno e in inverno, le camelie entrano in uno stato di dormienza vegetativa e quindi non necessitano di concimazione.

Tecniche di applicazione

Per applicare il concime, è consigliabile seguire le istruzioni riportate sull'etichetta del prodotto, poiché ogni formulazione può avere raccomandazioni specifiche. In genere, il concime granulare dovrebbe essere distribuito uniformemente attorno alla pianta, lontano dal tronco, e poi coperto con uno strato di terreno o pacciame per evitare l'evaporazione. Successivamente, è importante annaffiare bene per attivare la dissoluzione dei granuli.

Un'altra opzione è quella di utilizzare concimi liquidi durante le irrigazioni, seguendo sempre le indicazioni del prodotto per le dosi. Questo metodo consente un assorbimento più rapido dei nutrienti e può essere utile in caso di piante che mostrano segni di carenza nutritiva.

Potatura

La potatura è una pratica fondamentale per mantenere la forma e la salute delle camelie. Anche se queste piante possono crescere e fiorire bene senza potatura, un intervento regolare consente di controllarne la dimensione, promuovere la circolazione dell'aria e stimolare la fioritura.

Tempistiche per la potatura

Il periodo migliore per potare le camelie è subito dopo la fioritura, in genere tra la fine della primavera e l'inizio dell'estate. Questo perché le camelie formano i loro boccioli fiorali durante la fase vegetativa, e potare prima della fioritura potrebbe compromettere la produzione di fiori.

Tecniche di potatura

La potatura delle camelie si può suddividere in tre categorie: potatura di formazione, potatura di manutenzione e potatura di ringiovanimento.

1. **Potatura di formazione**: Questa pratica è particolarmente utile per le piante giovani. L'obiettivo è dare una forma equilibrata e armoniosa alla pianta, eliminando i rami che crescono verso l'interno e quelli mal posizionati. Si possono accorciare i rami più lunghi per stimolare una crescita più fitta.

2. **Potatura di manutenzione**: Consiste nell'eliminare i rami secchi, danneggiati o malati. È fondamentale rimuovere eventuali rami incrociati, che possono ostacolare la circolazione dell'aria e favorire malattie fungine. Inoltre, si possono eliminare i rami vecchi e legnosi per permettere la crescita di nuovi getti freschi.

3. **Potatura di ringiovanimento**: Si esegue su piante più mature. Questa tecnica prevede una potatura più drastica, eliminando anche

fino a un terzo della pianta. Ciò incoraggia una nuova crescita e permette alla pianta di riprendersi e rinvigorirsi. È importante farlo con attenzione e solo su piante che mostrano segni di invecchiamento.

Strumenti e tecniche di potatura

È fondamentale utilizzare strumenti affilati e puliti per la potatura, come cesoie o seghe. Questo riduce il rischio di infezioni e danni alle piante. Prima di iniziare, assicurarsi di avere a disposizione anche guanti per proteggere le mani da spine o irritazioni.

Quando si potano i rami, è consigliabile effettuare tagli inclinati, a circa 45 gradi, per favorire una rapida cicatrizzazione. Evitare di eseguire tagli netti, in quanto possono rendere la pianta vulnerabile a malattie.

È bene anche trattare le ferite con un cicatrizzante per piante o del vernice da giardiniere per impedire infezioni. Durante il processo di potatura, è utile osservare la pianta e valutare se ci sono segni di malattie o parassiti che richiedono ulteriori interventi.

La cura delle camelie richiede attenzione e dedizione, ma gli sforzi vengono ripagati dalla bellezza e dalla magnificenza delle fioriture. Un corretto approccio all'irrigazione, alla concimazione e alla potatura può fare la differenza nella salute e nella vitalità di queste affascinanti piante. Investire tempo e risorse nella loro cura assicura non solo piante sane, ma anche un giardino che fiorisce in ogni stagione. In tal modo, le camelie continueranno a deliziare gli appassionati e a arricchire gli spazi verdi con i loro fiori meravigliosi.

Capitolo 5: Protezione dalle malattie e dai parassiti delle camelie

Le camelie, oltre a essere piante ornamentali di grande bellezza, possono essere vulnerabili a diverse malattie e parassiti. La loro cura richiede attenzione per prevenire la diffusione di agenti patogeni e infestazioni. Tra le malattie più comuni che colpiscono queste piante, troviamo:

1. Maculatura fogliare (Glomerella cingulata)

Questo fungo provoca macchie marroni o nere sulle foglie, che possono ingiallire e cadere. La maculatura fogliare è più comune in condizioni di umidità elevata o scarsa circolazione d'aria.

2. Muffa grigia (Botrytis cinerea)

La muffa grigia è una malattia fungina che si manifesta con una fitta peluria grigia sulle parti colpite della pianta. Colpisce in particolare le fioriture, causando appassimento e decomposizione.

3. Oidio

Questo fungo provoca una patina bianca sulle foglie e sui fiori, che compromette la fotosintesi e la salute generale della pianta. Si sviluppa in condizioni di elevata umidità e scarsa ventilazione.

4. Ruggine

Le malattie da ruggine causano pustole arancioni o gialle sulla superficie delle foglie, che possono portare a una defogliazione prematura e indebolire la pianta.

5. Marciume radicale

Causato da funghi come Phytophthora, il marciume radicale si sviluppa in condizioni di eccesso di umidità e scarsa aerazione del terreno. Le radici della pianta diventano marroni e soffici, e la pianta può facilmente appassire o morire.

Trattamenti e rimedi naturali

La prevenzione è la chiave della cura delle camelie. Per combattere le malattie più comuni, è possibile adottare diversi trattamenti e rimedi naturali.

1. Buona gestione dell'irrigazione

Assicurarsi che le camelie siano annaffiate in modo adeguato è fondamentale per prevenire malattie come il marciume radicale. È importante evitare l'eccesso d'acqua, preferendo un terreno ben drenato.

2. Potatura regolare

La potatura delle camelie permette di migliorare la circolazione dell'aria all'interno della chioma. Rimuovere rami morti o danneggiati contribuisce a prevenire malattie fungine.

3. Trattamenti antifungini

Per contrastare le malattie fungine, è possibile utilizzare trattamenti antifungini a base di sostanze naturali, come il bicarbonato di sodio o l'olio di neem. Questi rimedi possono essere spruzzati sulle foglie interessate.

4. Rimozione delle parti infette

Se si notano segni di malattia, è importante rimuovere immediatamente le parti infette. Le foglie o i fiori colpiti devono essere eliminate per evitare la diffusione del patogeno.

5. Utilizzo di miscele naturali

Creare miscele di acqua e sostanze naturali come l'aceto di mele o l'olio di eucalipto può aiutare a prevenire l'insorgenza di malattie fungine sulle camelie. Questi rimedi possono essere applicati regolarmente come precauzione.

6. Monitoraggio regolare

Controllare frequentemente le camelie per eventuali segni di malattie e parassiti è essenziale. Un monitoraggio attento permette di intervenire tempestivamente e mantenere le piante in salute.

Raccolta e utilizzo

Le camelie non solo abbelliscono i giardini e le case, ma i loro fiori possono anche essere raccolti e utilizzati in vari modi.

Fioritura e raccolta dei fiori

Le camelie fioriscono in genere tra la fine dell'inverno e l'inizio della primavera. I fiori, a seconda della varietà, possono variare nel colore, dalla delicatezza del bianco al rosso vivo, passando per tonalità di rosa.

Tecnica di raccolta

Per una raccolta adeguata, è consigliabile seguire alcune linee guida:

1. **Maturità dei fiori**: Raccogliere i fiori quando sono completamente aperti per garantire un sapore e un aroma ottimali.
2. **Strumenti puliti**: Utilizzare forbici o cesoie sterilizzate per evitare la trasmissione di malattie.
3. **Orario di raccolta**: Raccogliere i fiori al mattino, quando la temperatura è più fresca,

per preservare la freschezza.

4. **Condizioni climatiche**: Evitare la raccolta in giornate di pioggia o alta umidità, in quanto ciò potrebbe comprometterne la qualità.

Uso culinario e ornamentale

I fiori di camelia non sono solo belli, ma possono anche essere utilizzati in cucina e come elementi ornamentali.

Uso culinario

1. **Insalate**: I petali di camelia sono commestibili e possono essere aggiunti per dare un tocco di colore e un sapore delicato alle insalate.
2. **Infusi**: I fiori possono essere utilizzati per preparare tisane, regalando un aroma floreale unico.
3. **Decorazione di piatti**: Utilizzare i fiori come decorazione per torte e dolci, conferendo così un aspetto raffinato e originale.

Uso ornamentale

1. **Creazioni floreali**: I fiori di camelia possono essere usati per realizzare bouquet, centrotavola e decorazioni floreali per eventi speciali.
2. **Composizioni artistiche**: I fiori freschi possono essere utilizzati in composizioni artistiche, grazie alla loro varietà di forme e colori.
3. **Essiccazione**: I fiori possono essere essiccati per essere utilizzati in ghirlande o come elementi decorativi nei vasi.

Consigli per la cura in vaso

Le camelie possono essere cultivate in vaso, ma richiedono particolari attenzioni per garantirne la salute e la fioritura.

Scelta del vaso

1. **Dimensioni adeguate**: È fondamentale scegliere un vaso sufficientemente grande da consentire un buon sviluppo delle radici. Un vaso di almeno 30-40 cm di diametro è ideale per una pianta adulta.
2. **Drenaggio**: Assicurarsi che il vaso abbia fori di drenaggio per evitare accumuli

d'acqua, prevenendo così marciumi radicali.

Terreno

Le camelie prediligono un terreno acido, ben drenato. È consigliabile utilizzare un mix di terra per acidofile, torba e sabbia per garantire il giusto equilibrio di nutrienti e drenaggio.

Esposizione

1. **Luce**: Posizionare il vaso in un luogo che riceva luce indiretta. L'esposizione diretta al sole può danneggiare le foglie durante le ore più calde della giornata.
2. **Temperatura**: Le camelie amano temperature fresche, tra i 10 e i 20 gradi Celsius. Evitare correnti d'aria e sbalzi termici.

Irrigazione

1. **Regolarità**: Annaffiare regolarmente, mantenendo il terreno umido ma non inzuppato. Durante i periodi di grande calore, potrebbe essere necessario aumentare la frequenza delle annaffiature.

2. **Acqua piovana**: Se possibile, utilizzare acqua piovana o acqua distillata, poiché le camelie possono essere sensibili al calcare presente nell'acqua del rubinetto.

Concimazione

Concimare le camelie in vaso ogni 4-6 settimane durante la stagione di crescita (primavera e estate) con un fertilizzante specifico per piante acidofile. Questo aiuta a fornire i nutrienti necessari per una fioritura abbondante.

Potatura

Potare le camelie dopo la fioritura per mantenere una forma compatta e migliorare la circolazione dell'aria. Rimuovere rami morti o danneggiati e accorciare i rami troppo lunghi.

Controllo dei parassiti

Monitorare regolarmente le camelie per segnali di infestazioni da parassiti come afidi, cocciniglie e acari. In caso di infestazione, utilizzare insetticidi naturali come l'olio di neem o soluzioni messe a base di sapone di marsiglia.

Inverno

Durante l'inverno, se si trova in una zona con temperature rigide, è consigliabile proteggere le camelie in vaso coprendole con teli non tessuti o portandole in un luogo riparato, se possibile.

In conclusione, la cura delle camelie richiede attenzione costante e una buona conoscenza delle malattie e dei parassiti che possono attaccarle, ma con le giuste misure preventive e una manutenzione adeguata, queste piante possono prosperare e fiorire magnificamente, arricchendo i giardini e le case con la loro bellezza e il loro profumo.

Glossario

Le camelie sono piante ornamentali della famiglia delle Theaceae, apprezzate per la loro bellezza e per la varietà delle loro fioriture. Il genere Camellia comprende circa 250 specie e numerosi ibridi, molte delle quali sono coltivate per i loro fiori, foglie lucide e forme di crescita eleganti. In questo glossario, approfondiremo i termini e le definizioni legate al mondo delle camelie, esplorando la loro classificazione, le varietà, le tecniche di coltivazione e la storia di queste piante.

1. **Famiglia e Genere**

- **Theaceae**: La famiglia delle piante a cui appartengono le camelie. Comprende anche altre piante come il tè (Camellia sinensis).
- **Camellia**: Genere che comprende le camelie. Il nome è dedicato al botanico emissionario gesuita Georg Kamel.

2. **Specie e Varietà**

- **Camellia japonica**: Specie di camelia

più conosciuta, originaria del Giappone.
Famosa per i suoi fiori grandi e le foglie
lucide e verdi.

- **Camellia sasanqua**: Specie originaria
della Cina, che fiorisce in autunno e inverno.
Ha fiori più piccoli e una crescita più
compatta.

- **Camellia reticulata**: Nota per i suoi
grandi fiori e le foglie reticolate. Originaria
delle regioni montuose della Cina.

- **Camellia sinensis**: Specie utilizzata per
la produzione di tè. Le sue foglie sono
raccolte per produrre diverse varianti di tè,
come verde, nero e bianco.

- **Ibridi di camelia**: Risultano
dall'incrocio di diverse specie. Questi ibridi
hanno molte forme e colori, e sono spesso più
resistenti alle malattie e ai climi avversi.

3. **Fioritura e Colori**

- **Fioritura**: Il processo di produzione di
fiori. Le camelie fioriscono solitamente in
primavera e possono avere diverse fasi di
fioritura.

- **Petali**: Le parti colorate del fiore delle
camelie. Possono variare da semplici a doppi e

da solitari a quelli a forma di coppa.
- **Bottone florale**: La fase
dell'infiorescenza prima che i petali si aprano.
È essenziale monitorarlo per prevenire
malattie fungine.

4. **Condizioni di Coltivazione**

- **Suolo acido**: Le camelie preferiscono
un terreno con pH acido (4.5-6), ricco di
sostanza organica e ben drenato.
- **Pacciamatura**: L'uso di materiali come
paglia o corteccia per mantenere l'umidità nel
suolo e prevenire la crescita di erbacce.
- **Posizione parzialmente ombreggiata**: Le
camelie tollerano il sole diretto solo durante le
ore fresche della giornata; una posizione
parzialmente ombreggiata è ideale per
prevenire scottature fogliari.
- **Irrigazione**: Le camelie necessitano di
un'irrigazione regolare, specialmente durante i
periodi di fioritura. La soglia di umidità deve
essere mantenuta costante.

5. **Malattie e Parassiti**

- **Cercospora**: Malattia fungina che causa

macchie fogliari. Può essere controllata tramite l'uso di fungicidi specifici.

- **Muffa grigia (Botrytis cinerea)**: Un fungo che prospera in condizioni di umidità elevata, causando marciume sui fiori.
- **Afidi**: Insetti che possono attaccare le foglie giovani, causando deformazioni. Possono essere rimossi manualmente o trattati con insetticidi naturali.
- **Cochiniglia**: Parassiti che si attaccano alle foglie e ai rami, causando la perdita di vigore della pianta. Un trattamento con sapone insetticida può risultare efficace.

6. **Tecniche di Potatura**

- **Potatura di formazione**: Pratica effettuata sulle piante giovani per definirne la forma e promuovere una crescita sana.
- **Potatura di ringiovanimento**: Tecnica utilizzata su piante più mature per rimuovere rami secchi o danneggiati e promuovere la crescita di nuovi germogli.
- **Potatura dopo la fioritura**: Consigliata per rimuovere i fiori appassiti e migliorare l'aspetto della pianta, favorendo anche una nuova crescita.

7. **Storia e Cultura**

- **Origini Asiatiche**: Le camelie sono originarie dell'Asia, principalmente del Giappone, della Cina e della Corea, dove vengono cultivate da secoli.
- **Introduzione in Occidente**: Le camelie sono state introdotte in Europa nel XVIII secolo, diventando rapidamente una pianta da giardino popolare.
- **Cultura popolare**: Le camelie hanno ispirato opere artistiche e letterarie, come il romanzo "La Dame aux Camélias" di Alexandre Dumas.
- **Simbolo di amore e bellezza**: Nella cultura giapponese, la camelia è simbolo di amore e fertilità, spesso utilizzata in cerimonie e celebrazioni.

8. **Cultivar e Ibridi Noti**

- **'Debbie'**: Un ibrido popolare per i suoi fiori rosa brillante.
- **'Professor Sprengeri'**: Conosciuto per i suoi fiori rossi, è adatto per la piantagione in giardino.

- **'Winter's Snowman'**: Notato per la sua resistenza al freddo e per la fioritura prolungata in inverno.

9. **Propagazione**

- **Semina**: Metodo di propagazione mediante semi. Richiede pazienza, poiché i semi possono impiegare del tempo per germogliare.
- **Talee**: La propagazione per talea è il metodo più comune, richiedendo la rimozione di rametti giovani e il loro radicamento in un terreno fertile.
- **Innesto**: Tecnica utilizzata per ottenere piante con caratteristiche precedentemente selezionate, unendo il portainnesto e il ramo (graft) della varietà desiderata.

10. **Uso Paesaggistico**

- **Giardini all'inglese**: Le camelie sono spesso utilizzate in giardini all'inglese per la loro bellezza formale.
- **Aiuole di fiori**: Grazie alla loro varietà di colori e forme, le camelie possono valorizzare le aiuole.

- **Pianta da ombra**: Le camelie sono perfette per aree con ombra parziale, dove altre piante potrebbero non prosperare.

11. **Curiosità**

- **Tè delle Camelie**: Le foglie di Camellia sinensis sono utilizzate per produrre tè, storicamente una bevanda di grande importanza economica e culturale.
- **Resistenza al freddo**: Alcune varietà di camelie, come Camellia sasanqua, hanno una sorprendente resistenza al freddo, rendendole adatte a climi più rigidi.
- **Fioritura invernale**: Diversi ibridi di camelie possono fiorire anche d'inverno, portando colore e vita nei giardini durante la stagione fredda.

Conclusione

Il glossario delle piante di camelia è un invito a scoprire questo meraviglioso genere di piante ornamentali. Con la loro straordinaria bellezza, le camelie possono arricchire ogni giardino, portando colore e vitalità durante le stagioni in cui altre piante fiorite possono mancare. Conoscere i termini e le pratiche relative alla loro cura permette di apprezzare appieno il fascino di queste piante, contribuendo a una cultura del giardinaggio consapevole e appassionata.

Indice

Introduzione pg.4

Capitolo 1 : Varietà di camelie pg.5

Capitolo 2: Condizioni di crescita ideali delle Camelie pg.12

Capitolo 3: Tecniche di impianto delle Camelie pg.19

Capitolo 4: Cura delle Camelie pg.28

Capitolo 5: Protezione dalle malattie e dai parassiti delle camelie pg.37

Glossario pg.47